科學　科技　工程　藝術　數學
Science Technology Engineering Art Maths

STEAM 學習入門

數學

MATHS

珍妮·積及比 / 著

維姬·巴克 / 繪

新雅文化事業有限公司
www.sunya.com.hk

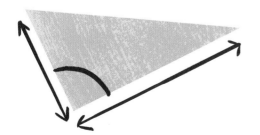

STEAM 學習入門
數學 MATHS

作者：珍妮·積及比（Jenny Jacoby）
設計繪圖：維姬·巴克（Vicky Barker）
譯者：羅睿琪
責任編輯：胡頌茵
出版：新雅文化事業有限公司
香港英皇道499號北角工業大廈18樓
電話：（852）2138 7998　　傳真：（852）2597 4003
網址：http://www.sunya.com.hk
電郵：marketing@sunya.com.hk
發行：香港聯合書刊物流有限公司
香港新界大埔汀麗路36號中華商務印刷大廈3字樓
電話：（852）2150 2100　　傳真：（852）2407 3062
電郵：info@suplogistics.com.hk
印刷：中華商務彩色印刷有限公司
香港新界大埔汀麗路36號
版次：二〇一六年八月初版
二〇一九年四月第四次印刷
版權所有•不准翻印

ISBN: 978-962-08-6629-6
Original title: Maths Activity Book
Copyright © b small publishing ltd. 2016
Traditional Chinese Edition ©2016 Sun Ya Publications (HK) Ltd.
18/F, North Point Industrial Building, 499 King's Road, Hong Kong
Published and printed in Hong Kong.

什麼是數學？

數學不單止是加、減、乘、除。數學也不止是數字！數學是每個人日常生活的一部分，從付款與點算找續，到正確按照食譜做菜，甚至關乎找出世界上的規律，以及與朋友平均地分享東西。學習數學有助我們解決生活上的各種難題，認識數數、計算、量度、估算、物體形狀和圖表應用等概念，能提高我們的觀察力、分析力和邏輯思考，讓我們終身受用。

STEAM是什麼？

STEM是代表科學（**S**cience）、科技（**T**echnology）、工程（**E**ngineering）和數學（**M**athematics）這四門學科的英文首字母的縮寫。這四門學科的學習範疇緊密相連，互相影響發展。而在STEM加上藝術（**A**rt）的A，就組成了**STEAM**。藝術的技巧和思考方法可以應用在科技上，同樣，科技、科學和數學也能啟發藝術應用。**STEAM**的五個範疇可以解決問題，改善我們的生活，應用的廣泛性超乎我們想像。

科學
（Science）

科技
（Technology）

工程
（Engineering）

藝術
（Art）

數學
（Maths）

量度與估算

量度物件的長度有許多不同的方法。你可以用直尺或軟尺等工具進行準確的量度，你也可以憑眼睛目測來估算物件的長短。長度的單位一般是厘米（cm）和米（m），1米＝100厘米。

認識數學符號

＝

這個符號代表「等於」，可用於準確的量度結果。

≈

這個符號代表「大約等於」，可用於估算數值。

請看看右面這些物件，並根據以下的指引估算它們的長度，然後你可以用直尺進行量度。

指引

1 厘米 ≈ 一枝鉛筆的闊度
3 厘米 ≈ 一顆小番茄的闊度
30 厘米 ≈ 一張 A4 紙的高度
1 米 ≈ 一張單人牀的闊度
2 米 ≈ 一道房門的高度

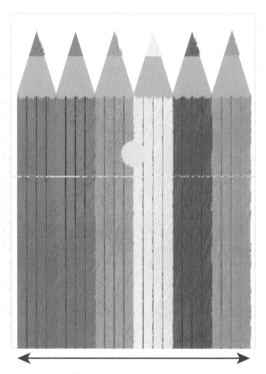

估算：＿＿＿＿＿＿

量度：＿＿＿＿＿＿

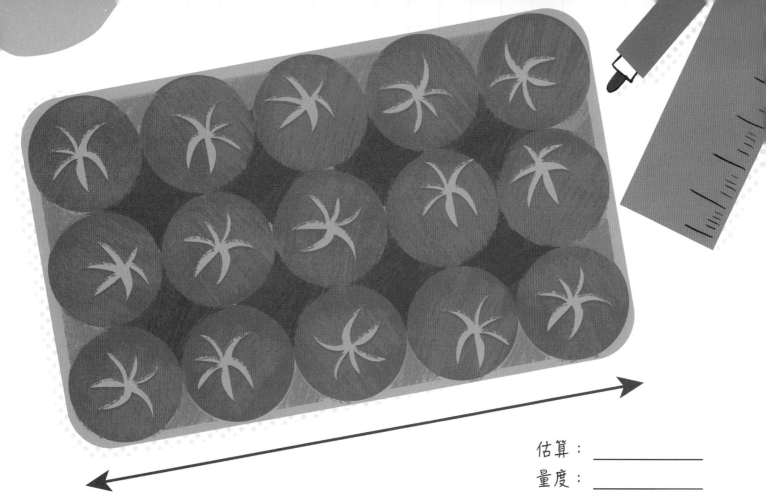

估算：＿＿＿＿＿＿

量度：＿＿＿＿＿＿

你會如何估算？
請說說看。

估算：＿＿＿＿＿＿

購物

在日常生活的各個層面中我們都會應用數學，例如在購物時，你需要先把你身上的錢加起來，看看是否有足夠的金錢購買你想要的物品，把所需的正確金額交給收銀員。

你可以試試自己到超級市場購物去。請你依照以下的清單購物，首先在購物清單上寫上每件東西的價錢，然後把所有貨品的價錢加起來，看看需付多少元。最後，請你把所需用上的錢幣劃上交叉。

2 個檸檬
4 根香蕉
1 瓶牛奶
1 條麵包
3 個青蘋果

在郵局裏

體積較大的東西不一定比體積較小的東西重，大家可以把它們比一比。例如一個填滿了羽毛的枕頭的體積比磚塊大，但磚塊較枕頭重。我們可以用磅或秤來量度重量，重量的單位一般是克(g)和公斤(kg)，1公斤=1000克。

請找出每件包裹的重量，並在適當的位置寫上答案。你認為這些包裹裏面的是什麼？請畫出你的答案吧！

以下有一些物件的重量，可給你作參考。除此之外，你也可以量度一下身邊物件的重量，找出重量相近的東西並把它畫出來。

你還記得這個符號嗎？ ≈

一包薯片 ≈ 35 克
一個網球 ≈ 50 克
一盒 DVD 光碟 ≈ 100 克
一部手提電話 ≈ 150 克
一個板球 ≈ 175 克
一本練習簿 ≈ 200 克
一個足球 ≈ 440 克
一小包糖 ≈ 500 克

1.

g

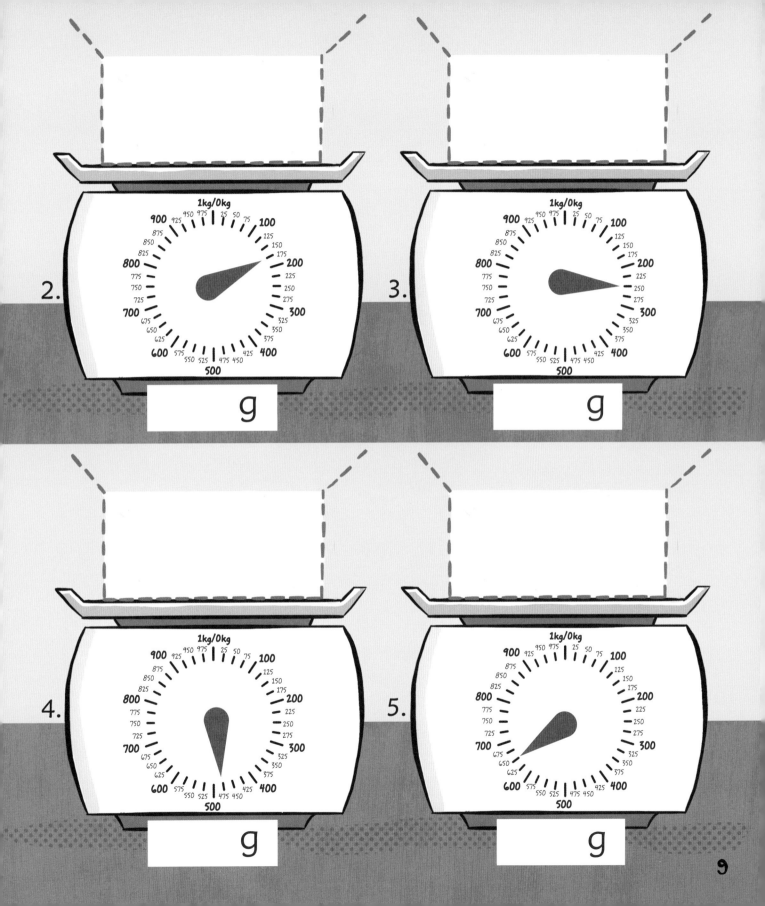

取去東西

我們在日常生活的各個層面都會用到減法的概念，例如物件被取去或減去的情況。當物件的大小和形狀完全相同時，我們點算起來就會很簡單，例如一條巧克力被分為若干相同的等份，取去了一部分後，只要數一數便會知道剩下多少。可是，當我們要量度不規則的東西時，例如液體，就要用上工具來輔助，例如有刻度標示的量杯或瓶子。

請依照下面的題目，把每件物件被拿走或用去的部分填上顏色，並在橫線上寫下剩餘多少。

有人吃掉了 7 格巧克力，還剩下：

_____

用去了 10 毫升（ml）洗潔精，還剩下：

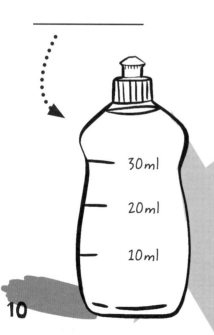

_____

有 6 個保齡球瓶被撞倒了，還剩下：

_____

10

請把下圖中有圓點的位置填上顏色，然後你會看見在剩下空白的位置會出現一幅漂亮的圖畫。

容量

容量是指一個容器能容納物體的多少。當我們要量度液體時，我們會利用不同的容器來幫助量度，例如使用有刻度標示的量杯、匙子或瓶子等。容量以毫升(mL)和升(L)為量度單位，1升＝1000毫升。此外，還有其他方式來表達容量，以下是一些常見的例子……

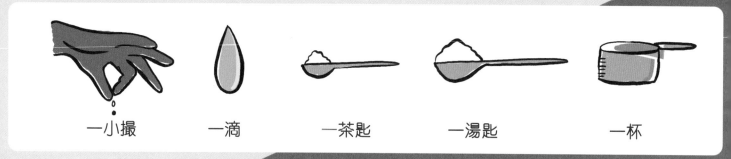

一小撮　　　一滴　　　一茶匙　　　一湯匙　　　一杯

在右面這份食譜中，有些材料是以重量計算的，有的則以容量計算。請圈出當中哪些字眼告訴你需要用多少份量。

小提示：請記住容量可不一定只用毫升和升為量度單位呢。

雲呢拿杯子蛋糕

- 牛油 110 克
- 砂糖 110 克
- 雞蛋 2 隻
- 雲呢拿香油 1 茶匙
- 自發粉 110 克
- 牛奶 1-2 湯匙

奶油忌廉糖霜

- 牛油 140 克
- 糖粉 280 克
- 牛奶 1-2 湯匙
- 食用色素數滴

請給這些杯子蛋糕填上顏色和畫上裝飾吧！

做法：

1. 把焗爐預熱至 180℃（350 ℉），並在杯子形烤盤上放上紙杯（記得請大人幫忙）。

2. 把牛油和砂糖攪拌成糊狀，然後慢慢拌入雞蛋和雲呢拿香油。

3. 小心地加入自發粉拌勻，過程中以小滴加入牛奶。

4. 把麵糊倒進烤盤上的紙杯中，烤約 10 至 15 分鐘，直至頂部變成金黃時取出，然後放在一旁冷卻。

5. 把用來製作奶油忌廉糖霜的牛油攪拌好，直至它變軟，然後加入一半分量的糖霜，再攪拌一會兒。

6. 在牛油糊中加入餘下的糖霜和牛奶，攪拌直至順滑，並加入食用色素。

7. 最後，把奶油忌廉糖霜倒進擠花袋，並用它用來裝飾你的杯子蛋糕吧！

倍數

乘法就是將同一個數字自己相加一定次數，例如3x3就是代表將3自己相加3次，或3+3+3。

你也可以用格子代表3x3，得出以下有3列和3欄的格子：

2x4則會這樣表達：

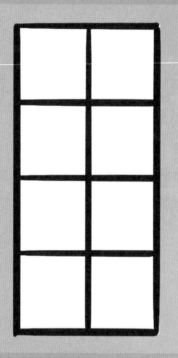

接着，請數一數有多少個方格，你就能找出答案了。

你可以利用第15頁上玩具店裏的盒子，幫助你解答右面這些乘法問題。請先找出與問題中的列數和欄數相符的玩具盒子。

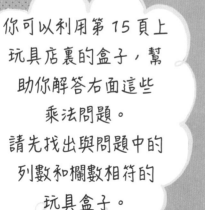

2 X 5 = ☐　　5 X 6 = ☐

3 X 6 = ☐　　8 X 9 = ☐

4 X 5 = ☐　　9 X 10 = ☐

玩具店

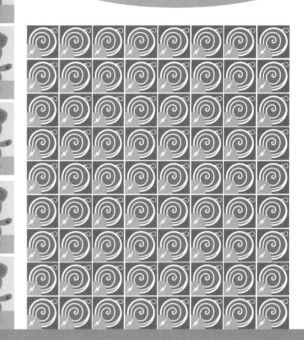

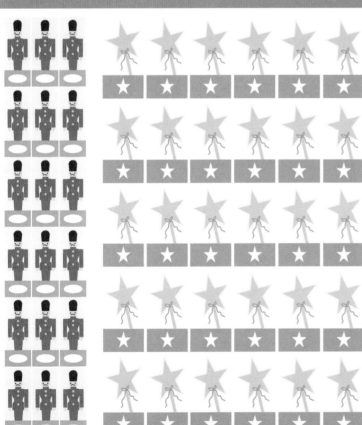

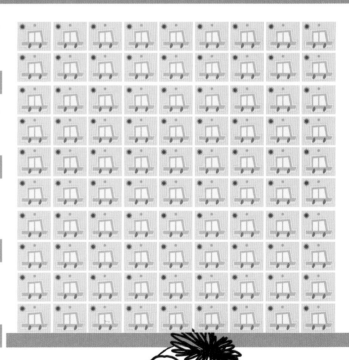

15

時間競賽

認識時間是非常重要的,因為要生活作息正常我們就得好好規劃時間。例如孩子要有適當的時間進行學習和玩樂,平日準時到達學校上課。在運動場上,你會發現人們常常在量度時間,例如賽跑比賽上,人們會記錄時間,從而得知他們花了多少時間去完成比賽。時間可以用秒、分鐘和小時作量度單位。1分鐘有60秒,1小時有60分鐘。

第1名：阿默德＿＿＿＿＿＿＿

第2名：貝蒂＿＿＿＿＿＿＿

第3名：卡頓1分5秒＿＿＿＿

第4名：丹尼爾＿＿＿＿＿＿

第5名：艾菲＿＿＿＿＿＿＿

分享

在日常生活中，我們會遇上要平均分配物件的情況，這個過程叫做「除法」。有些物件能夠完整平均地分配，但有時會有剩下的部分，稱為「餘數」。

你懂得怎樣平均分配物件嗎？請你幫忙把第 19 頁圖中這些蛋糕平均分配吧。首先，請數一數每個蛋糕總共被切成多少份，然後按每個蛋糕旁列出的客人人數，用不同的顏色筆把每件蛋糕填上顏色來分配。每一位客人可以得到多於 1 件蛋糕，但所有客人必須得到相同數量的蛋糕。

請先看看以下的例子。

蛋糕數量：8 件
平均分給 4 位客人
餘下蛋糕：0 件

A.
蛋糕數量：_____ 件
平均分給 6 位客人
餘下蛋糕：_____ 件

B.
蛋糕數量：_____ 件
平均分給 4 位客人
餘下蛋糕：_____ 件

C.
蛋糕數量：_____ 件
平均分給 5 位客人
餘下蛋糕：_____ 件

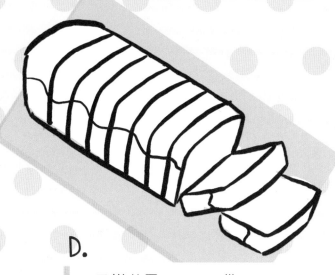

D.
蛋糕數量：_____ 件
平均分給 9 位客人
餘下蛋糕：_____ 件

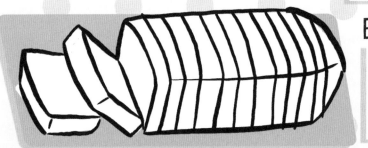

E.
蛋糕數量：_____ 件
平均分給 7 位客人
餘下蛋糕：_____ 件

密碼破解者

我們會利用密碼來隱藏資料，其中最重要的部分就是「密碼鑰匙」，人們需要依照它來破譯密碼。人們有各式各樣編寫密碼的方法，有的相當知名，要編出讓人難以破解的密碼，就得花盡心思想出一套特別的規則來編寫。

以下是一些世界知名的密碼。請你利用每一種密碼的密碼鑰匙，來破譯出這些秘密信息。

逆向排序字母

破解線索就在名稱裏！這種密碼顧名思義，就是依照逆向排序的字母，它很容易被破解，但這也代表你永遠不會忘記如何破解，即使弄丟了密碼鑰匙也能解密。

A	B	C	D	E	F	G	H	I	J	K	L	M	N	O	P	Q	R	S	T	U	V	W	X	Y	Z
Z	Y	X	W	V	U	T	S	R	Q	P	O	N	M	L	K	J	I	H	G	F	E	D	C	B	A

D	S	Z	G		R	H		U	L	I		W	R	M	M	V	I	?

凱撒密碼

這是另一種簡單的密碼，這次字母全都移了一個位，就是說A=B、B=C，如此類推，直至Z=A，以下的信息使用了密碼鑰匙下面的一行編寫。

A	B	C	D	E	F	G	H	I	J	K	L	M	N	O	P	Q	R	S	T	U	V	W	X	Y	Z
Z	A	B	C	D	E	F	G	H	I	J	K	L	M	N	O	P	Q	R	S	T	U	V	W	X	Y

Z	T	F	T	R	S	T	R		V	Z	R		Z		Q	N	L	Z	M

象形文字密碼

人們不一定要使用文字來編寫密碼的！其實象形文字或
一些細小的圖案都可以用來代替字母。

A	B	C	D	E	F	G	H	I	J	K	L	M	N	O	P	Q	R	S	T	U	V	W	X	Y	Z
✌	👌	👍	👎	☜	☞	☝	☟	🖐	☺	😐	☹	💣	☠	⚑	⚐	✈	☀	◆	❄	✝	✝	☦	✠	✡	☪

🖐	◆		❄	☟	🖐	◆		☞	✌	◆	✡		⚑	☀		☟	✌	☀	☟	?

現在你可試試創作屬於你的密碼。

請在空格內填上代表各個字母的密碼，然後用密碼寫出一段秘密信息給你的朋友吧！

別忘了要將密碼鑰匙分享給你的朋友，好讓他們能夠解讀你的信息。

A	B	C	D	E	F	G

H	I	J	K	L	M	N

O	P	Q	R	S	T	U

V	W	X	Y	Z

玩轉表格

在生活上，我們常常會利用列表來記下數量或事情。我們可以透過製作表格來找出當中的規律，幫助觀察或分析數據。

請仔細觀察右圖，並參考以下的例子，在表格中適當的位置加上 ✓，以記錄這個家庭的相關資料。

	媽媽	爸爸	哥哥	姐姐	小寶寶
1.吃穀物片			✔	✔	✔
2.吃多士					
3.曲髮					
4.直髮					
5.穿紅色衣服					
6.面帶笑容					
7.喝果汁					
8.喝牛奶					

棒形圖

除了運用表格來記錄數字，我們還可以利用圖表來分析數據，製作有趣的圖表，例如棒形圖。棒形圖是一種把數據變成圖像的統計圖表。棒形圖中的「棒」在表格中代表不同項目的數值。

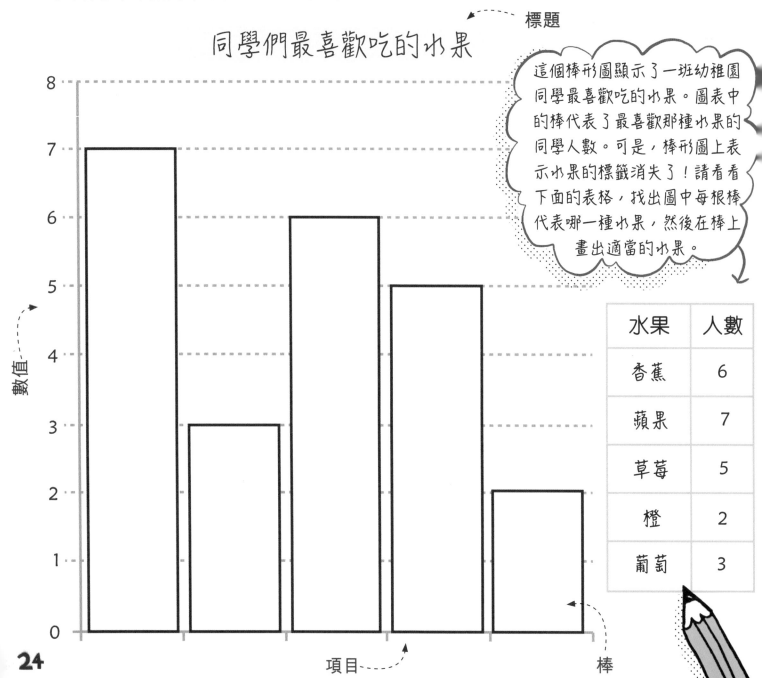

同學們最喜歡吃的水果

標題

這個棒形圖顯示了一班幼稚園同學最喜歡吃的水果。圖表中的棒代表了最喜歡那種水果的同學人數。可是，棒形圖上表示水果的標籤消失了！請看看下面的表格，找出圖中每根棒代表哪一種水果，然後在棒上畫出適當的水果。

水果	人數
香蕉	6
蘋果	7
草莓	5
橙	2
葡萄	3

數值

項目

棒

維達收集了右面的資料來統計出他的朋友最喜愛的嗜好。請用鉛筆和直尺，將表格中的資料製成一個棒形圖。

嗜好	人數
踢足球	8
跳芭蕾舞	4
游泳	5
打空手道	2
參加童軍	5

(請寫出棒形圖的標題)

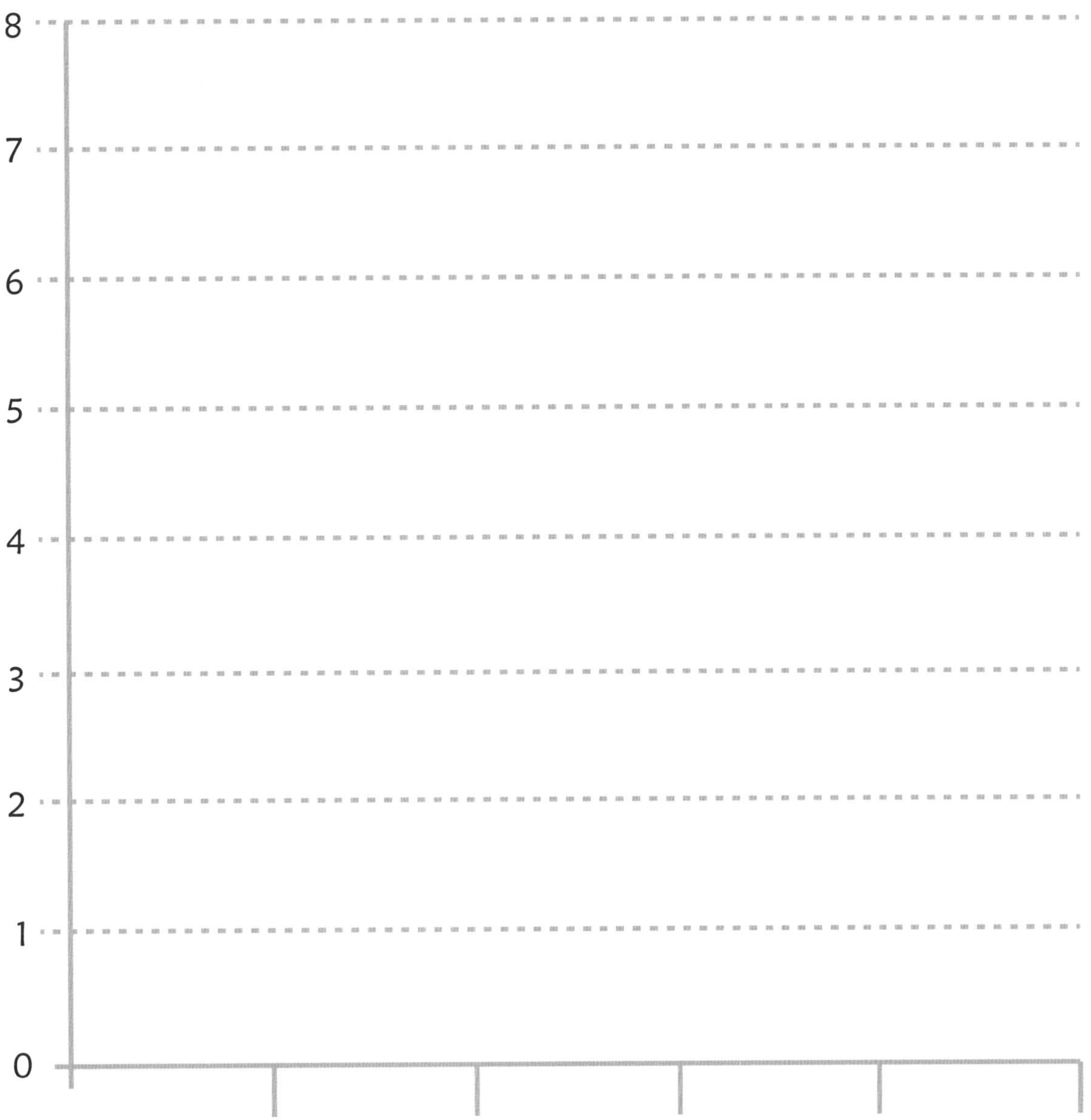

8

7

6

5

4

3

2

1

0

直角

當兩條直線相遇，它們便會形成一個角。「直角」是一種特別的角，外形就像英文大寫字母「L」——只要你認識了直角，你便會發現直角遍布我們身邊。

你能在右面的圖中找出 6 個直角嗎？請把你找到的直角圈起來。

簡化數字

有時候，我們會遇到較大的數值，如果能把它們簡化成較簡單的數字，我們就會更容易計算或理解了。

例如可以用「四捨五入」的方法把數值簡化：數字 1 至 4 會捨去至最接近的 0，例如 13 可簡化成 10。數字 5 至 9 則會進位至最接近的 0，例如 27 可簡化成 30。

你可以將數字簡化，以及用不同的詞語來描述數量，以下是一些常用的例子：

大約

大於

幾乎

小於

差不多

接近

大概

看看這些對話，請用簡化數字的方式來回應說出實際數字的人。你可利用第 28 頁的詞語來幫忙。

我有 97 個模型呢！

你有接近 100 個模型呢！

我能夠不停地跳繩 32 下。

我今年 8 歲又 11 個月大。

我能夠連續取得 11 個入球！

我的班級上有 26 個學生。

29

答 案

P. 4-5

鉛筆
估算：6厘米
量度：6.3厘米

一箱小番茄的長度：
估算：15厘米
量度：15.5厘米

房子的高度：
估算：6米

P. 6-7

2個檸檬 = $10（$2 x 5）

4根香蕉 = $12（$3 x 4）

1瓶牛奶 = $10.5

1條麵包 = $13

3個青蘋果 = $12（$4 x 3）

共需：$57.5；所需錢幣：略

P. 8-9

以下是磅秤上顯示的重量和包裹裏可能盛載的東西，除此之外，你也可以量度一下
身邊物件的重量，找出重量相近的東西並把它畫出來。

1. 100g = 一盒DVD光碟
2. 175g = 一個板球
3. 250g = 一本練習簿 + 一個網球
4. 475g = 一個足球 + 一包薯片
5. 650g = 一小包糖 +一部手提電話

P. 10

巧克力
剩下數量：23格

洗潔精
剩下容量：30ml

保齡球瓶
剩下數量：4個

P. 11

P. 13 略

P. 14-15

2 × 5 = 10
3 × 6 = 18
4 × 5 = 20
5 × 6 = 30
8 × 9 = 72
9 × 10 = 90

P. 12

雲呢拿杯子蛋糕
- 牛油 110 克
- 砂糖 110 克
- 雞蛋 2 隻
- 雲呢拿香油 （1 茶匙）
- 自發粉 110 克
- 牛奶 （1-2 湯匙）

奶油忌廉糖霜
- 牛油 140 克
- 糖粉 280 克
- 牛奶 （1-2 湯匙）
- 食用色素數滴

P. 16-17

第1名：阿默德 55秒
第2名：貝蒂 1分鐘
第3名：卡頓 1分5秒
第4名：丹尼爾 1分12秒
第5名：艾菲 1分17秒

P.18-19

蛋糕A
蛋糕數量：12件
餘下蛋糕：0件

蛋糕B
蛋糕數量：9件
餘下蛋糕：1件

蛋糕C
蛋糕數量：12件
餘下蛋糕：2件

蛋糕D
蛋糕數量：10件
餘下蛋糕：1件

蛋糕E
蛋糕數量：14件
餘下蛋糕：0件

P. 20-21

逆向排序字母：What is for dinner?

凱撒密碼：Augustus was a Roman

象形文字密碼：Is this easy or hard?

略

P. 22-23

	媽媽	爸爸	哥哥	姐姐	小寶寶
1.吃穀物片			✓	✓	✓
2.吃多士	✓	✓			
3.曲髮	✓		✓		
4.直髮		✓		✓	
5.穿紅色衣服					✓
6.面帶笑容	✓		✓		✓
7.喝果汁			✓	✓	
8.喝牛奶					✓

P. 26-27

圖中有6個直角。

P. 24-25

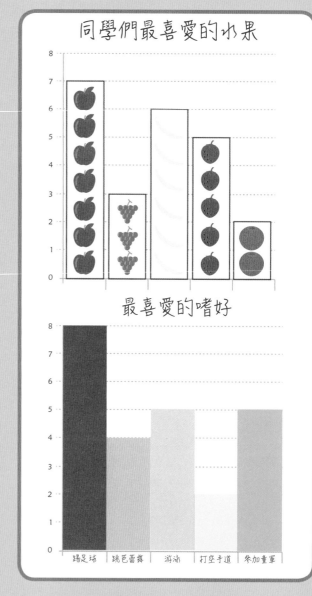

同學們最喜愛的水果

最喜愛的嗜好

踢足球　跳芭蕾舞　游泳　打空手道　參加童軍

P. 28-29

參考答案：

你能夠不停地跳繩超過30下！

你今年差不多9歲。

你能夠連續取得超過10個入球！

你的班級上有接近30個學生。